徽派建筑风景速写

孙贵兵/主编　　蔡琛刚　胡胜钧　朱浩明/编著

安徽美術出版社

全国百佳图书出版单位

作者简介

孙贵兵

兵圣孙武富春堂后人，生于安徽省安庆市，毕业于安徽大学，师从刘继潮、陈林、黄德俊教授等徽派绘画、设计名家。高级室内建筑师，安徽美术出版社签约作者。现为艺书良品丛书主编。

胡胜钧

安徽省徽州祁门人，生于 1973 年，笔名梅君。1992 年毕业于安徽省徽州师范学校，现为中等职业技术学校艺术专业教师，梅君书画苑院长。从事青少年书法美术和美术高考教学工作 20 多年，不断研习国画和书法，醉心家乡山水，笔耕不辍。

蔡琛刚

安徽省蚌埠人，自幼习画，2004 年毕业于安徽建筑大学环境艺术设计专业，毕业后从事专业设计工作和美术教学工作十余年，对徽派建筑情有独钟。出版过《风景速写》《素描静物》《素描几何体》等数本专业教材。

朱浩明

甘肃省庄浪人，毕业于西安美术学院，师从陈国勇、王保安、李才根、赵晓荣教授，多幅作品留校和被私人收藏。多年来从事美术教育工作，现为自由艺术家。作品《血色杨家岭》获陈国勇一等奖，发表于《西北美术》，并入选西安美术学院 60 年校庆师生优秀作品展。《血色杨家岭》《寂》《宝塔山》入选西安美术学院优秀毕业作品展及雅昌艺术网在线展。

水墨徽州

文 / 孙贵兵

新安好山水，白云绕青松。

古村现画里，忘乎在其中。

徽州，古称新安，自秦置郡县以来，已有2200余年的历史。记忆里，第一次听说"徽州"这个词，是在初中的课堂上，老师解释安徽省名称由来：是取安庆和徽州首字合称。我是安庆人，当时顿感自豪之余，也对徽州这个词留下印象。后来上了大学，每日里路过安徽大学老图书馆西门口徽学研究中心牌匾之下，一种挥之不去的神秘感，让我选修了研究中心贺为才教授的选修课"徽派建筑艺术"，想从理论和图片上先了解一下徽派建筑。第一次真正接触徽州，是大学期间学校组织的徽州写生，当时我们就住在徽州屏山，自此便与徽州结下缘分。这如画一般的乡村，熟悉又陌生，遥远又亲近，神秘又诗意……那次写生经历也是安徽大学艺术学院2002级同学共同的记忆，至今难忘。再后来的一次次徽州写生，让心灵一次次感受厚重徽文化的洗礼，感受岁月斑驳的痕迹。

明汤显祖诗曰：一生痴绝处，无梦到徽州。古徽州是徽商的发祥地，明清时期徽商称雄中国商界300多年，有"无徽不成镇""徽商遍天下"之说。以徽商、徽剧、徽菜、徽雕和新安理学、新安医学、新安画派、徽派篆刻、徽派建筑、徽派盆景等文化流派构成的徽学，更是博大精深。它与敦煌学、藏学有同样影响。徽州山水，一村一舍，在浓郁的乡情和强烈的黑白灰节奏中，有着深厚的文化根基，这里的民居庭院、粉墙黛瓦、小桥流水、隐隐青山，无不以一种诗意的面貌呈现眼前。坐在老房子前画画，想到很多，徽州义化，还有藏在窄小窗户背后的隐秘，徽商的奋斗，他们的爱情，他们的无奈和无徽不成镇的辉煌。和从前比，近年这里多了些商业气息，也难怪，本就是徽商故里。徽州先民，十三四岁，往外一丢，若干年后满载而归，大兴土木，盖上这一片一片的四水归堂、有着高高马头墙的徽州大宅。徽派建筑特色鲜明。徽州先民将建筑与环境相融相辅，讲究布局和风水，黑瓦白墙、点窗门楼构成的点线面和黑白灰有机组合，有如一幅镶嵌在青山绿水之中的水墨画卷，层次分明，主体突出，清远而淡雅。徽州村落，民居建筑连片，祠堂、绣楼、牌坊、书院有机地穿插、矗立其间。各类建筑各占地位，主次鲜明，自然划分。建筑外部以黑白灰为主要色调，以砖石作山墙，建筑内部为木质结构，辅以精美雕刻，戏剧人物、历史故事，精彩纷呈。中间留一天井，寓意为四水归堂，之上露出蓝天白云，真是诗意田园。

一燕向后山，四水归堂前。

山居画图里，筱梦思江南。

徽州，有诗一般的意韵，老木寒云，种种意象：古老的木雕窗，老门前颓败植物前的老猫，老祠堂布满装饰的门楼，深深的石板巷，淳朴的乡民……画徽州，就是画徽州的清远淡雅和诗意空灵的意境。作画者，既是捕捉心灵的妙手，也应是捕山水之灵的妙手。

有感而发是我写诗歌和画画的习惯，在情感表达方面绘画和诗歌是一样的。诗歌是通过文字表达情感，绘画是通过形象来表达情感，画面上情感的体现，也就是画者的感受，那是画面灵魂所在。通常在绘画前，我会充分感受眼前景物。观察建筑、树木等主景配景的层次，取景构图融入构成，力图新颖。米勒说过：所谓构图，乃是将画家的思想传递给他人的技巧，而作品的全部意义则取决于画面的构图。建筑速写另一个重要的因素是透视，透视要准确；其次就是用线，有对比的大量线条构成整个画面，笔断意连，似白非白，曲折急缓，跌宕起伏；再次就是整体效果，包括整个画面的主次，主次其实就是画者要表现的画面主题和陪衬，单体建筑要表现出整体轮廓以及配景等，注重整体建筑的一致性，不要太注重刻画其中某个建筑的细节；最后，好的绘画作品，在一花一木中，在一砖一瓦上，除了画者的情感体验外，个人的绘画语言也很重要，作画者要找到属于自己的语言和方向。"无法而法，乃为至法。"画画的方法见仁见智。除此之外，有时候我更多地觉得，画画需要的是内心的一种耐性和对艺术的虔诚。一个画友说：绘画是世界上最幸福的事儿！这是热爱绘画的人的心声。路遥说过：只有初恋般的热情和宗教般的意志才能成就某种事业！我们热爱画画，但有时缺少耐性和持久的热情，热爱就该坚持，良好的耐性和虔诚的心态是求艺之路不可或缺的因素。

一花一世界，一叶一菩提。大千世界，不只是用眼睛观察，更多的是需要用心灵去体会和感悟，用心修炼画外之功。除此之外，就是对绘画持之以恒的坚守，坚守艺术的真谛，坚守内心的诗意田园。

目录

作品欣赏

徽派建筑，

卜山筑室，择水定居，因地制宜，

此谓之自然。

兼蓄道释，乘遵宗法，崇奉风水，

此谓之古朴。

含隐蓄秀，凝重孤峭，寂寥幽丽，

此谓之隐僻。

典正雅致，庄重高洁，不染尘俗，

此谓之典雅。

鸡犬桑麻，村烟殷庶。

祈年报本，有社有祠。

别墅花轩与梵宫佛刹飞甍于茂林秀竹间

一望如锦绣。

概　述

　　徽派建筑是传统建筑最重要的流派之一，徽派建筑作为徽文化的重要组成部分，历来为中外建筑大师所推崇，是江南建筑的典型代表。

　　徽州建筑受徽州文化传统和优越地理位置等因素的影响，形成独具一格的建筑风格。粉墙黛瓦、马头墙、砖木石雕以及层楼叠院、高脊飞檐、曲径回廊、亭台楼榭等和谐组合，构成徽派建筑的基调。徽派建筑规模宏伟、结构合理、布局协调、风格清新典雅，尤其是装饰在门罩、窗楣、梁柱、窗扇上的砖、木、石雕，工艺精湛，形式多样，造型逼真，栩栩如生，其高超的建筑技艺和不朽的艺术价值，充分显示了古代汉族劳动人民的勤劳智慧和卓越才能。徽派建筑集徽州山川风景之灵气，融汉族风俗文化之精华，风格独特，结构严谨，雕镂精湛，不论是村镇规划构思，还是平面及空间处理、建筑雕刻艺术的综合运用都充分体现了鲜明的地方特色。尤以民居、祠堂和牌坊最为典型，被誉为徽州古建三绝，为中外建筑界所重视和叹服。

　　徽派建筑风景速写，顾名思义是表现古徽州地区徽派建筑、自然风景一类的速写作品。根据徽派建筑本身结构材质的不同特点，采用不同的表现技法，表现对徽派建筑、自然景观的不同感受。要画好徽派建筑风景速写必须具备一定的艺术素养和造型基础，并且需要长期的努力和坚持。

工具及材料

　　风景速写的工具及材料不外乎是笔和纸，常用的笔有铅笔、钢笔、马克笔、针管笔、毛笔等；常用的纸有速写纸、复印纸、素描纸、卡纸等。

线的运用

每一种绘画形式的造型元素都离不开点、线、面。在线描风景画中，点、线、面虽然是一种抽象的符号，但作为造型元素又有双重含义：一方面表现了物象的形状、比例、结构、明暗、虚实、空间等造型关系，另一方面它们又具有自身的视觉美感和个性特征。

单纯勾勒物体轮廓和结构的线形，不存在方向性的说法，只有线条运用到具体物体并以此来表现物体的体量感时，其方向性才起到它应有的作用。排线的原则应以更好地表现物体的结构，遵循透视方向为依据，这样才更有利于表现物体的体量感、空间感及材料质感。画面所呈现的视觉效果才会更自然贴切、合乎情理和富有美感。

黑、白、灰是线描风景中的另一个重要造型元素，不过线描风景画中的黑、白、灰有别于素描中的黑、白、灰，线描风景画中的黑、白、灰不是通过光影明暗调子来实现的，而是通过线条的疏密、聚散来呈现的。

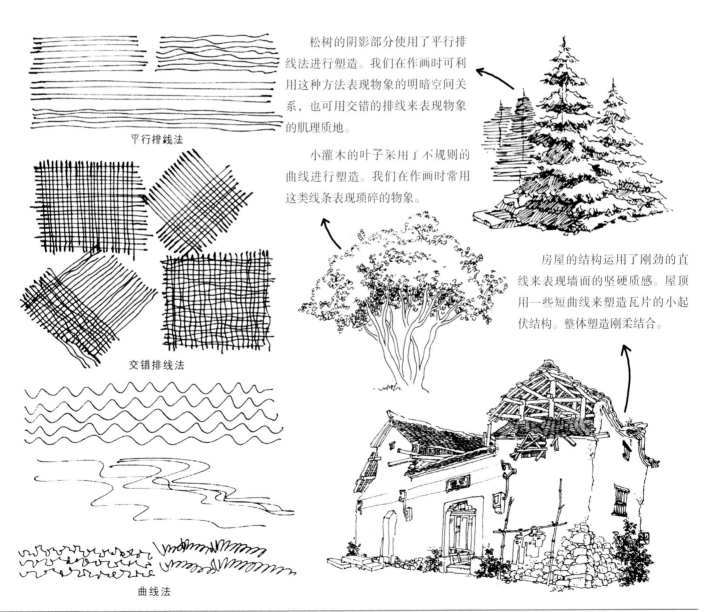

平行排线法

交错排线法

曲线法

松树的阴影部分使用了平行排线法进行塑造。我们在作画时可利用这种方法表现物象的明暗空间关系，也可用交错的排线来表现物象的肌理质地。

小灌木的叶子采用了不规则的曲线进行塑造。我们在作画时常用这类线条表现琐碎的物象。

房屋的结构运用了刚劲的直线来表现墙面的坚硬质感。屋顶用一些短曲线来塑造瓦片的小起伏结构。整体塑造刚柔结合。

树的画法

树是风景画的重要组成部分，有时它甚至是描绘的主体，故树的画法不容忽视。树木种类繁多，形状也千差万别，但每株树都是由枝、干、根、叶构成。因此，学画树应从单株画起，了解了一株树的结构及其画法，便可触类旁通。画树的顺序，一般是先立干，再分枝，最后画叶。

立干：干有定大局的作用，一株树的正、畸、直、曲，皆取决于主干的基本倾向。对一株树的基本形态要有一个大体把握，然后从上向下乘势落笔。画树干的轮廓线不要一笔到底，生枝处、交叉处要预留位置，同时要注意表现树形特征。

分枝：山水画家对于画树曾提出"树分四枝"的要求。"四枝"即画树枝时要从左、右、前、后四面出枝，把树画得有立体感和空间感。画树枝较困难的是交叉穿插，既要变化丰富，又要活而不乱。一要充分运用"不等边三角形原则"。树枝交叉的最小单位是三根枝条，三条枝构成的状态以不等边三角形最美。落笔时从主枝上生出小枝，小枝上又生出小枝，层层生发，自可收到"齐而不齐，乱而不乱"的效果。二要掌握"密不通风，疏可走马"的原则，疏落有致，密而不乱。

画叶：历代画家根据自然界种种树叶的形态，经过综合、概括、提炼，形成了程式化的画树叶方法，如"介字法""个字法"等。这为后人画树提供了有利条件，可借用，但不能泥古不化，要灵活运用，更要到大自然中去体验、去观察，创造新的表现方法。风景速写，一般采用双钩画叶或点写画叶两种形式。

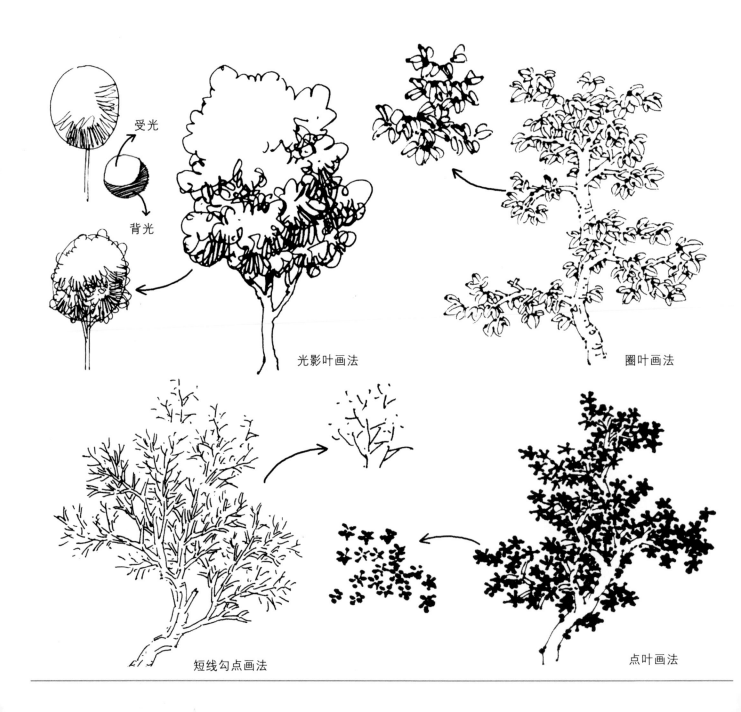

受光

背光

光影叶画法

圈叶画法

短线勾点画法

点叶画法

步骤一：用单线双钩法画出主要的树干，在画树干的时候要注意树与树之间的势态和相互呼应关系。树干的轮廓线要概括地画，留点空隙，线条要松，不要太拘谨。

步骤二：用单线双钩法画出主要树枝，分枝时树枝要有前后、左右关系，留出树叶的位置。画出远处的小树，画时要注意与另外两棵树的穿插、疏密、动势关系。枝干画好以后，添加地面和土坡，地面和土坡尽量概括、简练。

步骤三：画好树干与主要树枝以后开始添加树叶。画树叶时，要注意树叶的基本特征和生长规律。通过树叶密集的黑衬托树干和树枝的白，注意树叶的疏密关系，做到疏中有密、密中有疏。

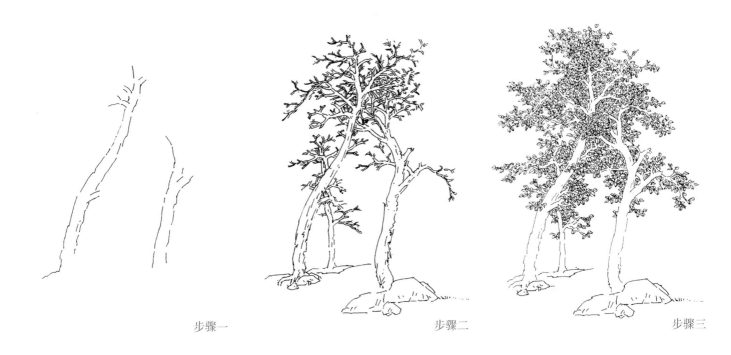

步骤一　　　　　　　　　　步骤二　　　　　　　　　　步骤三

山石的画法

山石是风景画的重要组成部分，石是山的局部，山是石的整体。对山石的画法，应高度重视。

古人有"石分三面"之说。所谓"三面"即开始勾勒轮廓，就要分出它阴阳向背、凹深凸浅的基本形态，表现出石的体积来。风景速写，多以点或线来表现石的体积。一般下部为阴暗处，多点（线），上部为受光处，少点（线）。画群石，要高低穿插，集散得宜。画石不仅要形似，更重要的是须表现出石质和骨气。

画石或山首先勾勒轮廓脉络，把一块石或一座山正、侧、斜的起伏转折、连绵走向表示出来。然后勾画石纹。勾轮廓脉络，要简练、概括、准确；勾石纹，线条要互相接搭，组织合理，画出整体的石面变化。

受光面

背光面

速写范例解析

农屋前的大石墩

训练要点

风景速写主要是以线造型为主，重在线的运用与变化。塑造时应结合物象的结构和质感，把握线条方圆曲直的变化。这样才能在所描绘的形象中体现出线的刚柔美感。

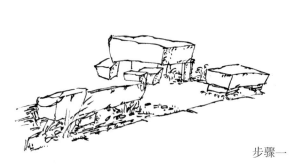
步骤一

步骤二

步骤一：明确景物的透视规律，区分近、中、远景的物象特征，画出近景中的石块，落笔应准确肯定。

步骤二：画植物的枝叶关键在于概括和取舍，体现自然特征。

步骤三

步骤四

步骤三：根据构思确定房屋的基本结构，先画出近处的房屋。

步骤四：对远处的房屋进行完善。接着用线条对房屋进行局部塑造，要注意前后空间关系。房屋的线条应处理得密一些，加强画面的疏密对比。

步骤五：进一步加深画面层次，对整幅画面
进行调整，要注意主次、空间等关系。

农屋前的大石墩　41cm×29cm　孙贵兵

农村的石板路

训练要点

　　塑造此幅作品时应避免单薄、琐碎和呆板。抓住建筑物的基本几何形状，突出其整体特征，把握建筑的造型美感，对门窗和表面装饰不能去细抠，要充分概括处理。房屋边缘用笔尽量活泼一些，可适当添加一些小的灌木、藤蔓等，以此丰富画面的韵律和节奏。

步骤一

步骤二

步骤一：仔细观察画面，先用线轻轻画出景物大致轮廓。注意房屋在画面的位置与透视关系。

步骤二：进一步确定形，画出大的明暗关系。注意画面的前后主次关系，以免破坏画面空间感。

步骤三

步骤四

步骤三：画主体房屋的细节特征，要注重线条的疏密以及画面的节奏关系，并逐一完善周边景物。

步骤四：刻画另一边的房屋。注意局部物象与整体画面的透视关系，力求自然协调。

步骤五：调整画面前后、主次、虚实
关系，完成整幅速写。

农村的石板路　35cm×29cm　孙贵兵

老弄堂

训练要点

　　风景速写涉及的景物繁多，其结构和细节也比较复杂。刻画时不可对景物照搬、照抄。应选取最能体现构思的部分进行刻画。作品中老式房屋由小青瓦覆盖屋顶，画时用笔可粗放些，注意瓦片间隔距离和疏密关系。

步骤一

步骤二

　　步骤一：明确景物的透视规律，区分近、中、远景的物象特征，从近景开始具体刻画。

　　步骤二：继续勾画，用笔应点、线结合，力求放松、自由。

步骤三

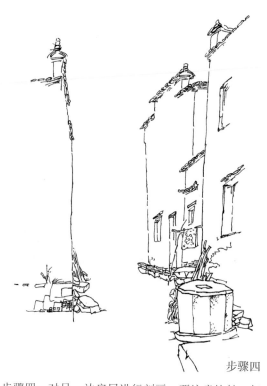

步骤四

　　步骤三：用长短变化的线，迅速准确地勾画出中景的物象。因为房子的墙面较空，所以要仔细刻画窗户的细节，以打破墙面的大片空白。

　　步骤四：对另一边房屋进行刻画。要注意比较，把握好空间与形体的变化。

步骤五：局部刻画好以后，把画放在远处，
从远处整体地检查自己的画面，主要检查画面
的整体感、局部的细节塑造与画面的层次感。

老弄堂　35cm×29cm　孙贵兵

老房前的鸡棚子

训练要点

这幅风景速写形体结构鲜明，画面简洁明快，运用不同感觉的线条表现了不同材质不同特征的物体，如近景里的石块、木头、老磨盘，中景里的网状鸡棚子和干草，远景里的老房子。在体会画面线条疏密有致的同时，值得注意的是，近处的鸡食盆在画面的整体感中脱离了出来，形成点感，与画面主体遥相呼应，值得细细品味。

步骤一

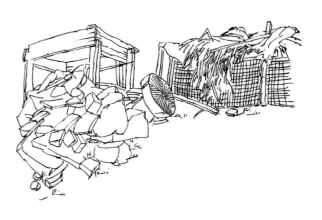

步骤二

步骤一：现场取好景，绘画前打好腹稿，注意画面构图，将画面大致分成前景、中景、背景三个层次。由近及远，从前景的乱石堆开始画，往后推画石磨和木框。

步骤二：开始画居于画面中景部分的小鸡棚子，注意前后所画物体的结构比例和透视关系，用线概括，控制景深。因为这是画面的视觉中心，所以用线比较密，这样可以更加突出画面视觉中心。

步骤三

步骤四

步骤三：开始画中景部分主体建筑木棚子，注意它的结构和透视，注意和前面的物体形成对比和主次关系。

步骤四：画背景以及配景部分，注意远处房子的平面化处理。最后调整画面主次、疏密、聚散关系，直至完成画面。

老房前的鸡棚子　35cm×29cm　孙贵兵

溪边的老房子

训练要点

　　用线来抓取形态，方便快捷，因而线在风景速写中运用得非常普遍。疏密对比是用线造型的基本要求，从画面的主次和空间表现上来组织线条，能更好地掌握线的疏密对比。

步骤一

步骤二

　　步骤一：明确景物的透视规律，区分近、中、远景的物象特征，画近景中的草丛，落笔应准确肯定。

　　步骤二：画出草丛中的电线杆，要注重线条的疏密以及画面的节奏关系。

步骤三

步骤四

　　步骤三：分析房屋的特征，先用刚劲的直线画出大轮廓。注意画面前后、主次关系，以免破坏画面空间感。

　　步骤四：用疏密有序的线条添画房屋的细节特征。拉开房屋之间的主次、空间关系。

步骤五：对远景中的房屋进行完善，使整体画面自然协调。

溪边的老房子　35cm×29cm　孙贵兵

古镇小径

训练要点

透视是表现画面空间的主要因素。由于透视关系，石板路与两边的房屋、树木都呈现出近大远小、距离缩减的现象。画房屋时不要画得拘谨和机械，大的透视关系正确就可以了。石板路的刻画除了要画出石块大小相间的关系外，还要注意近处的石块要大而疏，远处的石块要小而密，在画时可点线并用。

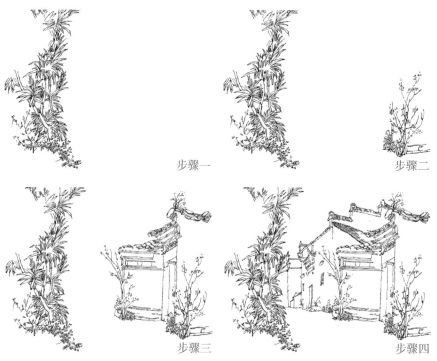

步骤一

步骤二

步骤三

步骤四

步骤一：明确画面大的位置、比例关系，然后从前景的灌木开始画起。

步骤二：画好左边灌木以后，交替画右边的灌木。画时要注意灌木枝、叶的前后穿插与疏密关系。

步骤三：分析建筑复古门庭的形态特征，根据透视画出门庭的基本结构。

步骤四：接着画出石板路远处的建筑，刻画时可简练、概括些，体现马头墙的结构特征即可。

步骤五：对石板路面进行刻画，地面的石板排列切勿平均，应错落有致、疏密得当。最后调整线条，完成画面。

步骤五

古镇小径　29cm×35cm　孙贵兵

在画破旧的老房子时，用笔要轻松随意，点、线不可规则，以此来表现墙面的起伏特征。老房子的门窗多为木制，画时可先概括大的结构，再补上一些板纹来表现出木板的质地。画石头堆砌的地基时要注意石块相压的结构关系。因石块不像砖一样规整，排列可杂乱些，这样更具趣味性。

步骤一：首先对景物进行整体观察，确定景物的大体形态及远、中、近景的分布位置。从近景开始具体刻画，落笔应准确肯定。

步骤二：明确房屋的形体特征，用长直线明确而轻松地画出大轮廓。

步骤三：加强房屋的形体结构关系，用不同线条，表现相关物象，使物象相互衬托。

步骤四：接着丰富周边环境特征，刻画时可简练概括些，体现其结构特征即可。

步骤五：用细线条强化物象的细节特征，使画面主次有序，层次丰富。

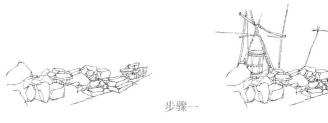

步骤一

步骤二

步骤三

步骤四

步骤五

破旧的老房子　29cm×35cm　孙贵兵

堆满柴火的院落

训练要点

　　画面中体积大的柴堆与体积小的柴堆形成面积、大小和高低对比，左右呼应，表现时要合理运用点、线、面分割并布置画面。表现柴堆的体积与空间感时，要注意其上下、前后、左右的关系，切忌简单叠加，形体上要有大小、疏密的差异，线条上要有前后的穿插。

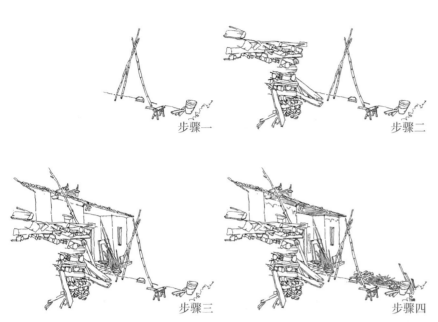

步骤一　　　　　　　　　　步骤二

步骤三　　　　　　　　　　步骤四

　　步骤一：明确景物的透视规律，区分近、中、远景的物象特征。从近景开始入手，注意景物的前后位置、比例、透视等关系。

　　步骤二：先画画面左下角的柴堆，因为这部分是画面中最突出最复杂的地方，是画面的重点所在。

　　步骤三：对房屋进行刻画，要注意多比较，以表现大的形体结构为主，注意房屋的前后遮挡关系。

　　步骤四：仔细刻画屋顶与窗户的细节，以打破墙面的大片空白，做到疏密得当。

　　步骤五：刻画远处的房屋与山脉。最后从整体出发调整画面，使画面的各部分关系更加协调，景物更加整体统一。

步骤五

堆满柴火的院落　29cm×35cm　孙贵兵

训练要点

　　木板棚是整幅画面的中心景物，构图时应适当拉近，将其置于画面的主要位置。在描绘时应对远景的物象进行概括处理，并通过线条的疏密对比强调木板棚在画面上的主次关系。画木板棚时注意板块宽窄不要一样，抓住其特征，把握木板条的疏密关系。

　　步骤一：明确景物的透视规律，区分近、中、远景的物象特征。从近景开始入手，这时要特别注意构图的层次关系。

　　步骤二：明确木板棚的形体特征，用长直线明确而轻松地画出大轮廓。

　　步骤三：用不同的点、线丰富木板棚的局部特征和结构关系，使物象具体、形象起来。

　　步骤四：运用活泼流畅的线条，生动自然地表现远处景物。画时须注意线条的疏密及穿插关系。

　　步骤五：接着丰富周边环境特征。用细线条强化物象的细节特征，使画面主次有序、层次丰富。

步骤一　　　　　　　　　　步骤二

步骤三　　　　　　　　　　步骤四

步骤五

荒废的木板棚　29cm×35cm　孙贵兵

农家的院子

训练要点

    房屋的结构和造型与其他自然物截然不同，它具有规则的形体，空间感较强。在表现这类以房屋为塑造中心的作品时，要求描绘细致、充分。门窗等小的细节也要尽量塑造出来。在线的运用上要有疏密、粗细、刚柔等对比变化。房屋的重心要稳定，结构透视要合理。

步骤一：明确画面大的位置、比例关系，然后从前景开始画起。

步骤二：分析房屋特征，用刚劲的直线画出大轮廓，注意房屋的重心要稳定。

步骤三：在把握大的透视关系后，用灵动的线条表现房屋的具体形态，使画面活泼，增添趣味性。

步骤四：围绕画面的中心，进一步刻画主体房屋的细节。

步骤五：完善远景并对画面作整体调整，丰富细节。要求线条疏密有序，主次关系得当，画面饱满丰富。

步骤一　　　　　　　　　　　步骤二

步骤三　　　　　　　　　　　步骤四

步骤五

农家的院子　29cm×35cm　孙贵兵

训练要点

以线为主要绘画手段的作品应特别注意画面整体的疏密关系。画面过疏则空洞无物，画面过密则拥挤、呆板、不透气。如疏密关系处理得当，将有利于体现画面的主次、虚实和深远的空间感。

步骤一：明确画面的趣味中心，从前景的小柴火堆开始进行刻画，注意把握柴堆形体大的趋势。

步骤二：明确柴火摆放的方向及造型特征，用长短变化的线仔细勾画。注意把握空间与形体的变化，用笔应有一定的方向性。

步骤三：继续完善右面的栅栏和附近的房子，刚开始不要陷入细节的刻画，要注意大的效果。

步骤四：分析房屋特征，先用刚劲的直线画出大轮廓。注意画面前后主次关系，以免破坏画面空间感。

步骤五：整体调整画面，丰富细节。要求线条疏密有序，主次关系得当，画面饱满丰富。

步骤一　　　　　　　　　　步骤二

步骤三　　　　　　　　　　步骤四

步骤五

路边的柴火堆　29cm×35cm　孙贵兵

流水人家

训练要点

在刻画前要先分析房屋的结构、样式，还有屋顶、横梁、门窗、表面材质等特征。因为这些特征直接反映出其地域、时代、文化等诸多方面的特色。刻画时不要画得像建筑制图一样呆板和机械，空间关系明确即可，形体上有些歪斜有趣也是可以的。

步骤一：明确景物的透视规律，区分近、中、远景的物象特征。画出近处水渠边的石块与杂草，注意线条的曲直变化。

步骤二：进一步刻画周边景物，注意近大远小的透视规律。杂草的添画应有主次、疏密之分，不可杂乱无章。

步骤三：分析画面中主体房屋的造型特征，抓大关系，画出大轮廓，力求房屋透视自然协调，体积感明确。

步骤四：用疏密有序的线条添画房屋的细节，拉开房屋之间的主次、空间关系。

步骤五：对远景中的房屋进行完善，使整体画面自然协调。

步骤一　步骤二　步骤三　步骤四

步骤五

流水人家　29cm×35cm　孙贵兵

实物照片

夏日的农家小院

训练要点

在作画前先要分析景物特征，抓住画面的趣味中心进行描绘。人的视觉透视有着近大远小、近高远低的基本规律。我们在塑造这幅作品时要运用这一规律来理解景物中物象的空间透视关系。景物中植物的刻画要先了解其生长结构，区分植物的外形差异，画出植物动势和形态美感。

步骤一：明确景物的透视规律，区分近、中、远景的物象特征，先从近处的木柴堆开始刻画。

步骤二：接着画出稍远处的房屋，把握房屋在平行透视下近大远小的透视规律。

步骤三：画出房屋边上的小树，画树时先了解其生长结构，画出动势和形态美感。

步骤四：刻画另一边的木柴堆和房屋，注意局部物象与整体画面的透视关系，力求自然协调，和谐统一。

步骤五：对远景中的事物进行刻画让空间关系明确。最后整体调整，丰富细节，要求线条疏密有序，主次关系得当，画面饱满丰富。

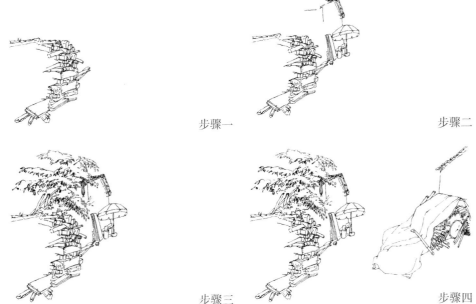

步骤一　　　　　　　　步骤二

步骤三　　　　　　　　步骤四

步骤五

夏日农家小院　29cm×35cm　孙贵兵

沧桑古宅　35cm×29cm　孙贵兵

速写

文 / 孙贵兵

在一棵香樟的路旁

坐下

我要呼吸最清新的氧气

聆听最清脆的鸟鸣

观察一棵树的成长

一堵斑驳的壁墙

风在大地山川演奏

在头顶的天际

我伸出手

拾得一份纯白的古意

再用心

将一旁小溪的线条

淌入诗集

老房前的鸡舍　35cm×29cm　孙贵兵

台阶 35cm×29cm 孙贵兵

建筑速写除了需要掌握透视和基本的技法要求外，还应在画面加强对所描绘景物的感受。每个人对眼前写生之景的感受不一样，呈现的画面的形式和语言，可以是自己感受到的对景物的独特理解。下图写生于冬季，树木花草凋零，只剩下光秃秃的枝条在北风中摇曳，我看到的是建筑和树木等景物的结构美感，于是我加强了这幅风景速写的骨感美。

冬日　35cm×29cm　孙贵兵

院内小景（上图）　29cm×35cm　孙贵兵　　老泥院墙（下图）　29cm×35cm　孙贵兵

徽州村落多背山面水，藏于锦峰绣岭、清溪碧河的自然风光之中，房屋群落与自然环境巧妙结合，山水互为点缀，如诗如画，意境甚美。秋天的清晨，徽州黟县的小村庄屏山沉浸在薄薄的霜雾之中，没有浓烈的色彩渲染，朴素安怡。徽州地区有很多这样的古旧村落，不用刻意去寻找，不经意的一个停驻，就能发现。

墙角花开　35cm×29cm　孙贵兵

（下图）画面中庭院具有浓厚的生活气息，青瓦覆盖的瓦房朴实大方。在表现这类瓦房时用笔可粗放些，房屋的边缘轮廓应画出变化，用笔尽量活跃，体现其沧桑的岁月感。在一幅作品中，线的运用最好有一个总体倾向性，应在统一中有变化。

屏山美人靠（上图）　29cm×35cm　孙贵兵　　乡村庭院（下图）　29cm×35cm　孙贵兵

今日下雨，早七点半起来没法出去画，在何家小院
写生一张。新建的雨廊很有现代气质，学生的衣服未干，
画板扔了一地，一切都缘于秋雨。

雨廊　35cm×29cm　孙贵兵

江村小景（上图） 29cm×35cm 蔡琛刚 屏山悦楼（下图） 29cm×35cm 孙贵兵

徽州山水，一村一舍，在浓郁的乡情和强烈的黑白灰节奏中，有着深厚的文化根基，徽州就是作为中国三大地方显学之一的徽学发源地。这里的民居庭院，小桥流水，无不以一种诗意的面貌呈现眼前,画者,既是捕捉心灵的妙手,也应是捕山水之灵的妙手。

屏山山房　35cm×29cm　孙贵兵

2014.1.26.《门前枣树》

门前枣树　35cm×29cm　孙贵兵

2014.1.26. 冬景

冬景　35cm×29cm　孙贵兵

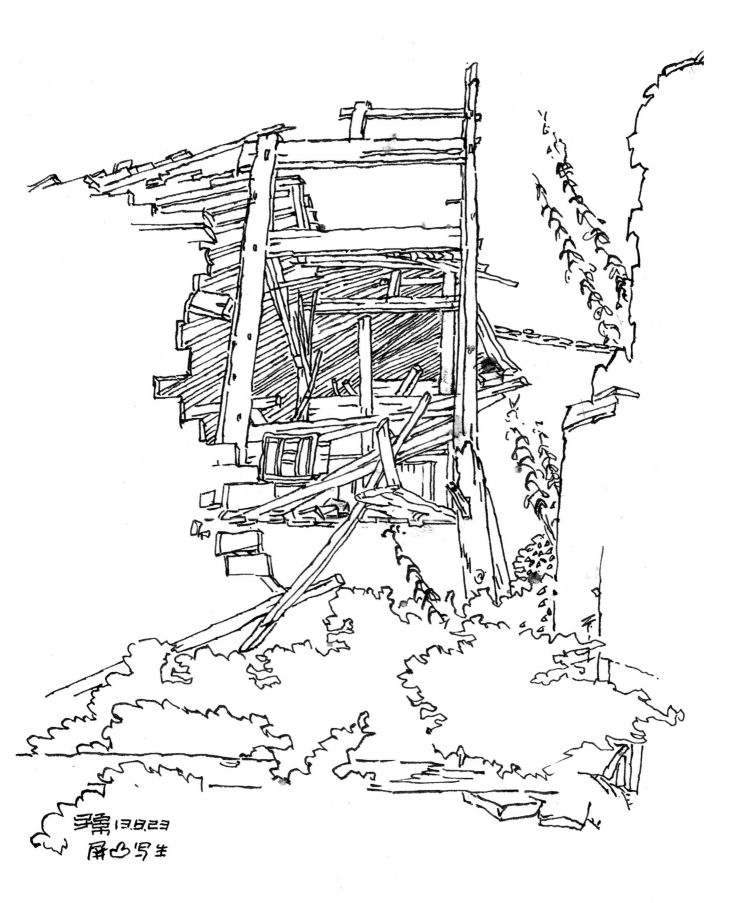

徽州老房子，经历几百年风雨洗礼，年久失修，许多已经破败，杂草在其中疯长。画它们时，想起徽商的勤劳智慧变成眼前断壁残垣，内心有一阵酸楚，任何辉煌都会有落寞时刻。

废园　35cm×29cm　孙贵兵

秋

文 / 孙贵兵

天空放晴

收割后的田野

赤裸裸

一眼就可望见

河流远处

白杨身后

云雾锁住的远山

水流声

很细腻很小

山风在枝头

用宽大笔触

刷出

绯红和透明的金黄

一叶知秋

动物们开始准备过冬的粮食

我只准备了一句金黄的诗句

白云很轻

我也感觉自己很轻

我想用墨色线条

与这深秋白云苍狗

共一支舞

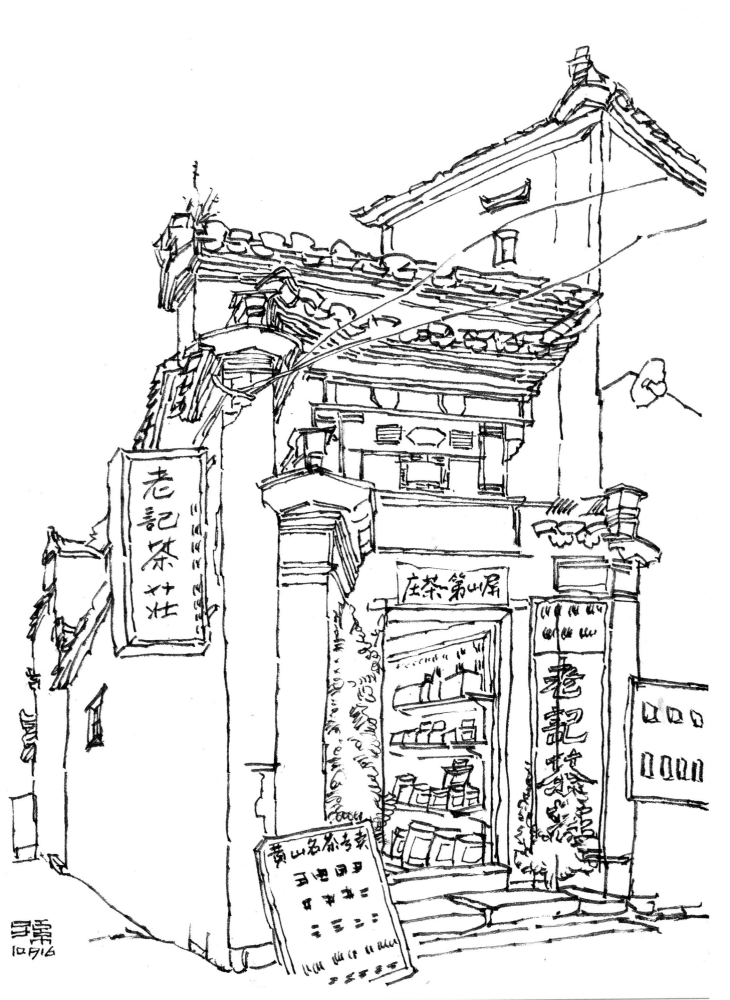

老记茶庄　35cm×29cm　孙贵兵

画面上石板巷中段是屏山村宗族祠堂。祠堂在徽州文化中占有重要地位，是中华传统文化的典型反映，受到诸多中外建筑界专家、学者的赞誉。徽州建筑融风俗文化之精华，集秀美山水之灵气，风格独特，体现了鲜明的地方特色。其中，徽州祠堂无论在建筑设计还是雕刻装饰方面都堪称顶级。祠堂的建筑规模，可以反映出一个宗族的历史背景，社会经济，家族繁衍、盛衰等各个方面的情况。祠堂在中国是一个宗族的象征，是宗族文化在徽州的体现，它的存在对于后辈影响深远。一方面告知后人自己是从哪里来的，另一方面告诫后人忠孝善恶、礼义廉耻的家风。

古玩店　35cm×29cm　孙贵兵

画面上这个庭院幽静朴实，农家的景象随意而自然。木棚屋的结构虽然简单，看得出结实实用，棚内有生火的炉子和七零八落的零散物件，晾衣架上的衣服、院内随意置放的板车轮胎和竹编提篮让这个有几百年历史的老院子充满生气。主人不在家，我坐在院门的门楼下石门槛上，从画面前景的那个废旧的木桶画起，重点表现木棚的结构美感，注意了线条的疏密与层次。画面的构成和点线面的关系自然天成，远景的老房子用简单的线条画出轮廓，简单、自然、朴实是这幅画面诠释的生活真义。

农家小院　35cm×29cm　孙贵兵

江村小景（上图）　29cm×35cm　孙贵兵　　晴朗（下图）　29cm×35cm　孙贵兵

徽州山多地少，在聚族而居的村落中，民居建筑密度较大，防火性能差。马头墙的出现，有着防止火烧连片、阻止火势蔓延的用途。后来徽州工匠们在建造房屋时对其进行了美化、装饰，于是，"粉墙黛瓦"的马头墙便成为徽派建筑的重要特征。如今，白墙黑瓦和斑驳的马头墙已是一种徽州符号，是徽派建筑的审美主体，徽州几百年的历史和文化都蕴藏在这个符号之中。

晒东西　35cm×29cm　孙贵兵

这幅速写画于西递，深秋的丝瓜藤在秋风秋雨的抽打下开始凋零，老房子斑驳的山墙下，老柿树张牙舞爪，零落的几片叶子瑟瑟发抖。我的线条尽量体现一种苍芒的厚重感，这也是徽州的文化属性之一。风景速写用线变化讲究浓淡粗细、曲直刚柔、抑扬顿挫，用概括简洁的手法表现古老年岁中粉墙黛瓦的造型，传达徽州烟树清溪、疏树寒村的质朴本色。

西递速写　29cm×35cm　孙贵兵

琼晒　　35cm×29cm　　孙贵兵

眼前景象是屏山蛇王祖屋门口的柴垛子，一大堆从山上砍来的柴禾无序地堆在门前小广场，几棵芦苇随风飘荡。破屋前的桑树早已落了叶子，几只山鸟飞来，落在枝丫上相互歌唱，转眼又飞出画面。俗话说：靠山吃山，靠水吃水。蛇王以捕蛇制酒为业，他自制的蛇酒可医治风湿等病，在徽州地区很有名气，他的家也是游客喜欢去猎奇的地方。徽商行走天下，留下来的徽州人在徽州山水间休养生息，日出而作，日落而息，与这一方天地相互交融，成为徽州画卷的重要部分。中国古人天人合一的思想，在徽州得到了完美的诠释。

蛇王家的柴垛（上图）　29×35cm　孙贵兵　　屏山画坊（下图）　29cm×35cm　蔡琛刚

屏山拱峙　35cm×29cm　蔡琛刚

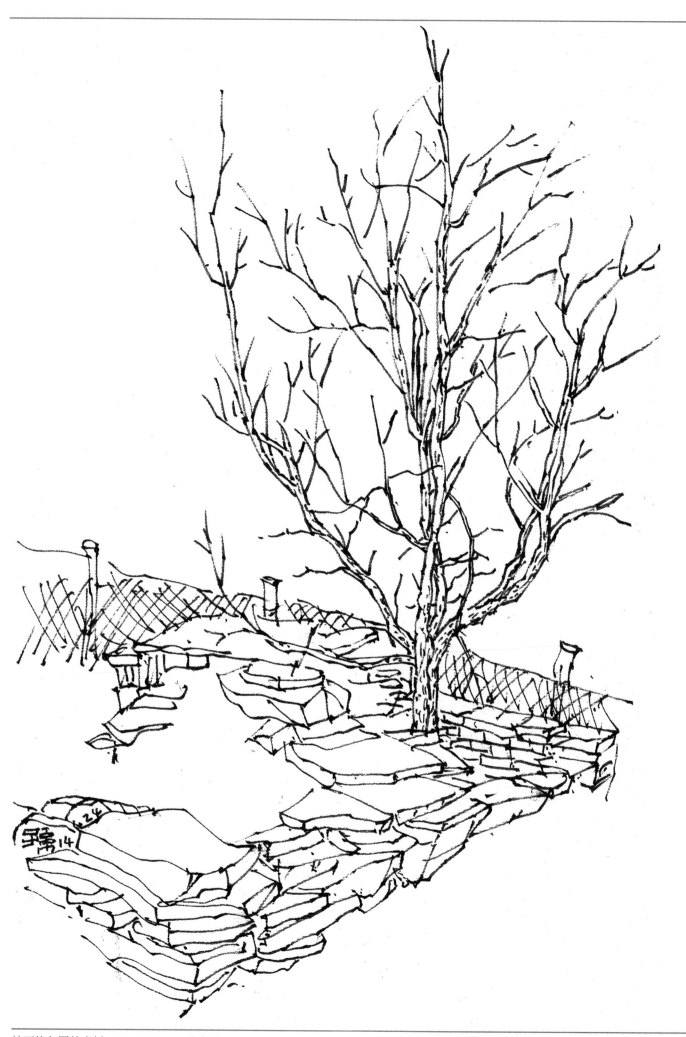

被石块包围的枣树　35cm×29cm　孙贵兵

冬树　35cm×29cm　孙贵兵

古宅新绿　35cm×29cm　孙贵兵

木材诗人

文 / 孙贵兵

曾经想过

要和海子一样洒脱

"从明天起做一个幸福的

人"

今天我

忽然想做个勤劳的木匠

每天做一把凳子

如混凝土诗人安藤忠雄一样

我要做个　木材诗人

每天都用心

为可爱的孩子们

做一把凳子一张床

或者一个橱窗

可以安歇

放上全家福

或者储藏其他美好的东西

石条前的老凳子　35cm×29cm　孙贵兵

（下图）这是一个富有生活味的场景。小院里大的木凳子随意摆放，画凳子时需要注意其结构的穿插。被单和短裤在烈日下暴晒，成为木凳子的背景，而后面的柴火堆又形成被单的背景。在描绘物象的形状、比例、结构、明暗、虚实、空间等造型关系的同时，层层叠叠的疏密变化和点线面的构成变化是这幅画面的最大趣味性所在。

（右图）这是一个非常简陋的住屋。墙面没有粉刷，石块有秩序地裸露在我的笔下，墙根堆满整齐的木材。大门一侧，春联被风刮去一截，门头上春联横批"幸福人家"很醒目。一辆木板车停在门口。住农村里的人大多过着简单清苦的日子，他们大多吃苦耐劳，心存对幸福的向往！

何家小院　29cm×35cm　孙贵兵

幸福人家　35cm×29cm　孙贵兵

素衣坊招牌和自行车出租的店铺，门头横挂的国旗迎风飘着，让这个朴素的小巷增添了商业和政治氛围。旅游开发在带来商业繁荣的同时，慢慢改变这些原本平凡朴实的村子。文化搭台经济唱戏的做法全国遍地开花，不知道这些做法是对是错，说不上感觉，都交给历史来评判吧。

素衣坊小巷　35cm×29cm　孙贵兵

屏山老宅　35cm×29cm　蔡琛刚

新安江九曲十弯，穿村而过，两岸不时飞来村妇浣洗的槌声，蓄水石旁白花飞溅；青砖灰瓦的民居祠堂和前店后铺的商铺夹岸而建；各具特色的石桥横跨溪上，构成江南水乡"小桥流水人家"特有的风韵。

徽州古桥　29cm×35cm　孙贵兵

山上人家（上图） 29cm×35cm 孙贵兵 废弃的板车（下图） 29cm×35cm 孙贵兵

这是屏山村溪水上游的一栋老宅，门前一座小桥横架潺潺流水之上，很容易让人联想到马致远的词句：小桥流水人家。老宅院门紧闭，几块乱石堆于墙角，马头墙高高矗立，远山沉默，斑驳的墙面无声诉说着历史沧桑。我的钢笔很是沉醉于这种种意象，画大门头"人民公社好"标语时，红色的笔迹把我扯到"大跃进"时代，历史渐行渐远，都化作速写本上的线条。

河岸人家　29cm×35cm　孙贵兵

一个小院，一口老井，农具杂物聚集棚间。老两口刚刚洗好的衣服还在滴水，晾衣架下红色的鸡冠花怒放，屋后翠竹舞动，院外游客川流不息。质朴而有质感的田园生活，不比大城市的奢华，却是城市人向往的精神归宿。

徽州小院　29cm×35cm　孙贵兵

2014.1.26. 以尽树叼

冬树　35cm×29cm　孙贵兵

冬树　35cm×29cm　孙贵兵

徽州有诗一般的意韵。画徽州，就是画徽州的清新淡雅和诗意空灵的意境，有感而发，借物传情。在情感表达方面绘画和诗歌是一样的，诗歌是通过文字表达情感，绘画是通过形象来表达情感，情感的东西应在每一张画面上有所体现，而画面最终效果和现实的区分，关键也就在此：作者的感受。这是画面灵魂所在。

故园　35cm×29cm　孙贵兵

素描画

文 / 孙贵兵

我的素描，
散发光辉，但不耀眼。
如夜半一支月光曲，
光线微弱，
一切内心的存在，
不显露表面。
我在黑白灰中，
可以感受到自己，
阴阳乾坤，
还有理想。
只因此，
手拿一支铅笔，
我便可以走世界。

屏山头　35cm×29cm　蔡琛刚

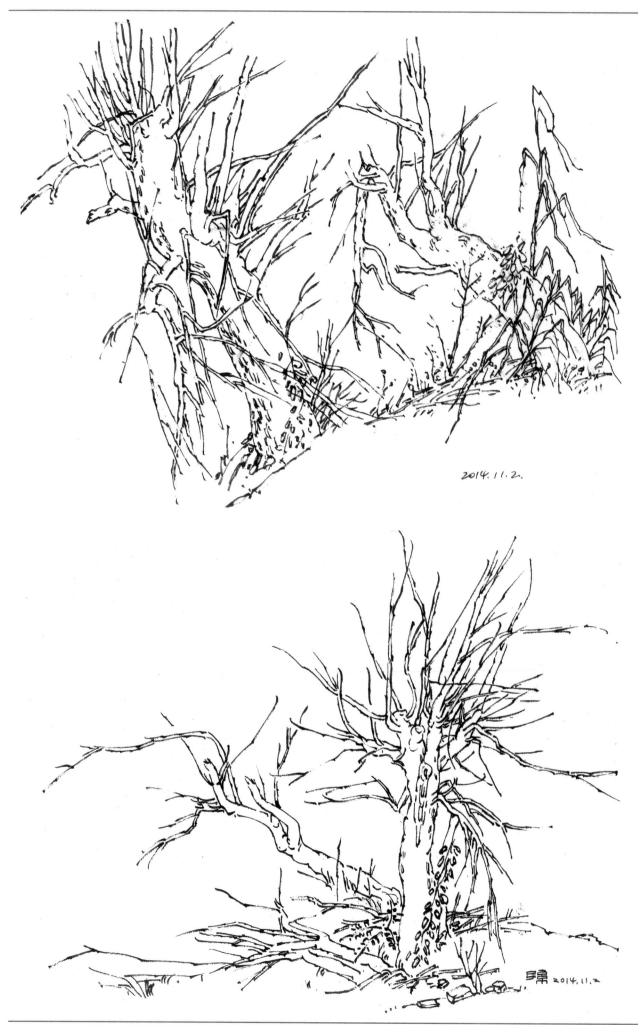

2014.11.2.

2014.11.2

岸边老树（上图）　29cm×35cm　孙贵兵　　岸边老树（下图）　29cm×35cm　孙贵兵

破败的老房子　35cm×29cm　孙贵兵

徽派建筑，粉墙黛瓦，节奏分明，高高的马头墙，又称封火墙，是徽式建筑当中的重要特色：一方面作为装饰作用，另一方面用于防火。由于建筑内部均为木质构造，容易引发火灾，为防止一家着火殃及四邻，于是将山墙做成马头墙形式，防止火灾蔓延，增加了建筑形式美感，体现了古代徽州先民的勤劳智慧。

河岸小店（上图）　29cm×35cm　孙贵兵　　采桑归来（下图）　29cm×35cm　孙贵兵

长川旅社　35cm×29cm　孙贵兵

路边的柴火堆（上图）　29cm×35cm　孙贵兵　　徽州小景（下图）　29cm×35cm　孙贵兵

明汤显祖诗曰："一生痴绝处，无梦到徽州。"曾几何时，徽州辉煌一时，高墙深院，四水归堂。时至今日，很多徽民后人抛却这旧时繁华，去都市追梦，高高马头墙，深深石板巷，独留一些老人，厮守这一座座废园。

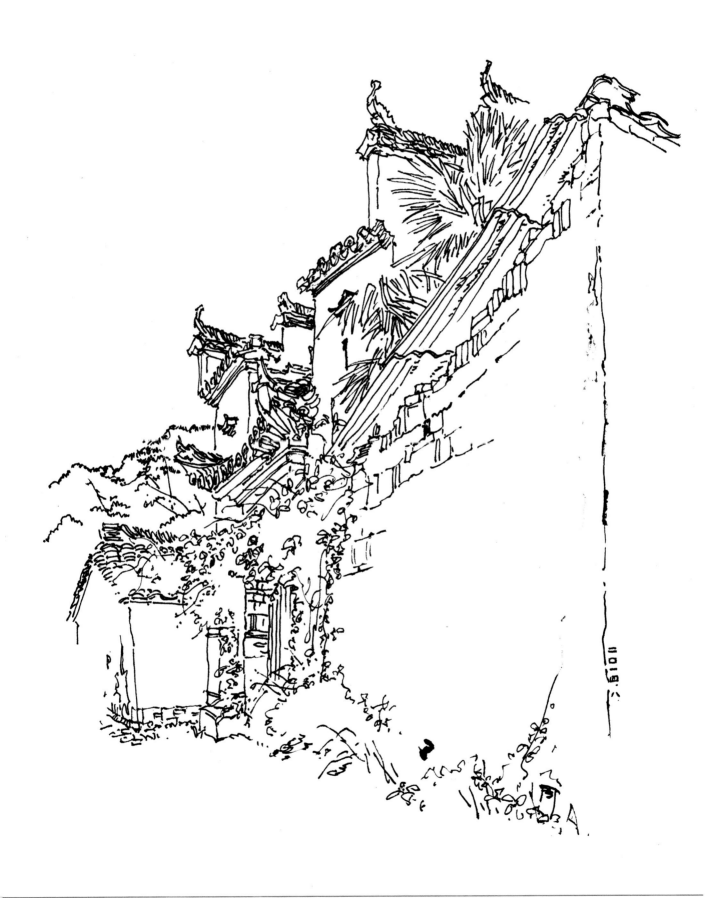

古宅新绿　35cm×29cm　蔡琛刚

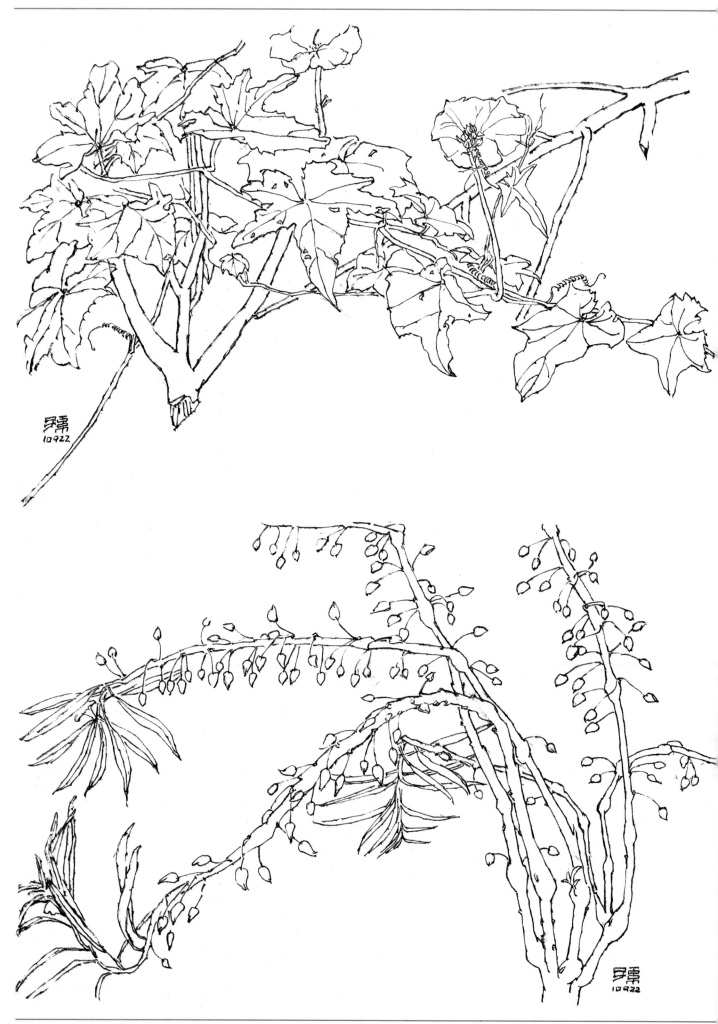

丝瓜藤（上图）　29cm×35cm　孙贵兵　　蛇怕花（下图）　29cm×35cm　孙贵兵

鸡冠花开　35cm×29cm　孙贵兵

画这张画的时候，下着雨，我坐在木桥上打着伞坚持画完。在这过程中门缝里挤出一个老人，眼神里很是好奇：为什么下雨了还不回去？我不想半途而废。画画就是这样，得一气呵成，半拉子画面气就断了，画面气息必须通畅生动。笔断意连，似白非白，谢赫"六法论"之一："气韵生动"，讲的该是这个道理。

河岸人家　29cm×35cm　孙贵兵

故园

旧堂飞新燕，沧桑入画图。

最爱故园里，墙头石榴红。

墙头石榴红　35cm×29cm　孙贵兵

长川旅社　35cm×29cm　蔡琛刚

六一

文 / 孙贵兵

襁褓的婴儿 眼神
比大海还深
是无暇的玉
清澈透底
是一张白纸
可以在上面涂抹
任何笔触和光晕

将来
他也许是个诗人
也许是个画家
或许他会去研究科学
搞建筑或是搬运

六一儿童节
林荫道的阳光支离破碎
一个男人
边走 边揣测一个孩童
不久的命运

柴火　35cm×29cm　孙贵兵

北风吹（上图）　29cm×35cm　孙贵兵　　老宅内景（下图）　29cm×35cm　孙贵兵

徽州山区盛产木材，建筑物绝大多数都是砖木石结构，尤以使用木料为多，于是木雕艺人就有了用武之地。徽州木雕多用于建筑物和家庭用具上的装饰，宅院的屏风、窗棂、廊柱上均可一睹木雕的风采。徽州的记忆并不是尘封的，只是历史和生活的沉淀会时刻伴随在人们左右，市井巷陌，随手推开一扇门扉，就可能走进了过去。

乱石墙　35cm×29cm　孙贵兵

大树下的旧房子（上图）　29cm×35cm　蔡琛刚　　溪水人家（下图）　29cm×35cm　蔡琛刚

徽州的生活就藏在这些古旧的角落里，朴素寻常，但驻足在这每一幅寻常的画面里，都会感觉到徽州特有的浪漫气息扑面而来。徽州的浪漫蕴藏在不经意之中，田间屋后随意翻出的一个陶罐，稍加装点，就是一幅美丽的画卷。徽州人文，集儒道于一体，出则从儒，入则归道，或者说，身在儒，心在道。这种统一也融入徽州人的审美观念之中，历经数百年，深深影响了徽州人的思想和行为，使之充满着浓浓的古典浪漫主义情怀。

深深石板巷　35cm×29cm　孙贵兵

古桥物色（上图）　29cm×35cm　孙贵兵　　李记糕坊（下图）　　29cm×35cm　　孙贵兵

旧瓦房　35cm×29cm　孙贵兵

江村小景（上图）　29cm×35cm　蔡琛刚　　金家岭人家（下图）　29cm×35cm　孙贵兵

　　老瓦房上青色的藤蔓爬过马头墙，石板桥下流水不舍昼夜，
棕榈树倔强生长，流云自由弥漫天际。这里自然景观和人文景观
已经不可分割。画这幅小画让我想到古人建房子讲究的天人合一，
这种天人合一的思想在徽派建筑里体现得淋漓尽致。

马头墙上的藤蔓植物　35cm×29cm　孙贵兵

写一封信，打个电话，唱首歌儿，画幅速写。人生天马行空，思想行云流水。曲折急缓，跌宕起伏，笔断意连。用画表达心中沉寂的韵律和渴望。

小桥流水　35cm×29cm　孙贵兵

老院子　35cm×29cm　孙贵兵

徽乡小景　35cm×29cm　孙贵兵

夜行人

文／孙贵兵

故园上空，

水墨彩云，

月光光。

等在枫树林的，

雀鸟啼鸣，

它要唤醒小镇上，

谁的清梦？

山很近，

河流，

穿过蛙声奔向远方。

远方的远方，

还是远方。

夜路上，

风一样的男子，

走过青春，

手拿名词动词形容词，

写一首，

晦涩难懂，

后青春期的诗。

皖南人家　35cm×29cm　孙贵兵

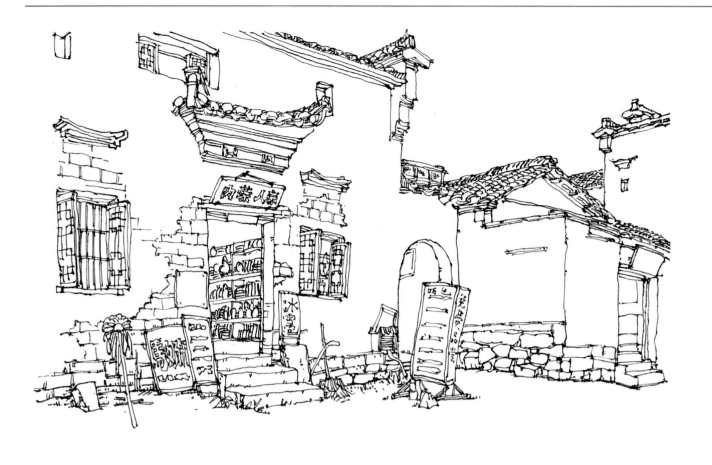

小店（上图） 29cm×35cm 蔡琛刚 古桥（下图） 29cm×35cm 蔡琛刚

老院门　35cm×29cm　蔡琛刚

棕榈树（上图）　29cm×35cm　孙贵兵　　棕榈树（下图）　29cm×35cm　孙贵兵

这几张速写画的是同一个景。拆下来的木椽、横梁等建筑构件，在老房子外的木棚子里外堆了一地。人类一手创建文明，一手毁坏文明，在时代高速发展的今天，似乎司空见惯，旧去新来似乎是历史的规律。2012年来写生，村子里路面改造刚刚完成，清一色统一规格的青石板路面，让人有置身城市公园的错觉。2013年再来写生，小河流水依旧不舍昼夜，画面上这棵伟岸的棕榈树已惨遭砍伐，不见了踪影，只是庆幸它还活在一些人的记忆和我的这几张小画里。

棕榈树　35cm×29cm　孙贵兵

　　实景画面本身就有着非常丰富的黑白疏密变化，自然而富有节奏。这张速写画得很快，没有过多的细节，画的是一种视觉体验，找节奏需要平时多多感受。这很像音乐里韵律的变化，找出画面节奏韵律美感来，受众才会有愉悦的体验。

西递人家　29cm×35cm　孙贵兵

在徽州，这样的充满生活田园气息的小院特别多。画这类院落，由于杂物较多，我们往往顾此失彼。这需要画者在动笔之前有一个构思，对眼前之物作大胆的取舍，有助于表现画面的东西要保留，相反，无助于画面主体的东西我们要大胆舍去。这幅照片是后配的，所以除去院落里房子部分外，画面和图片上很多道具都不一样，正所谓四时之景不同。这个小院落我画过好几次，每一次都有不一样的感触和体验。

屏山小院　29cm×35cm　孙贵兵

屏山长卷（局部） 29cm×600cm 孙贵兵

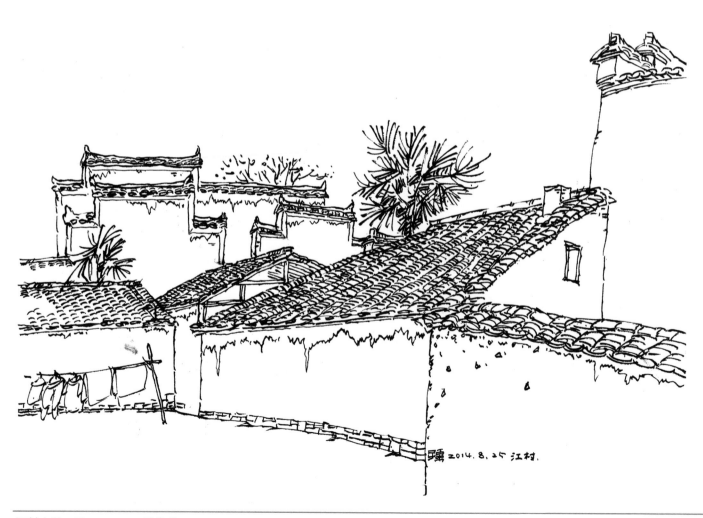

江村小景 29cm×35cm 孙贵兵

屏山悦楼　29cm×35cm　蔡琛刚

屏山长卷（局部）　29cm×600cm　孙贵兵

遥望三姑峰　29cm×35cm　孙贵兵

修路　29cm×35cm　孙贵兵

两弯眉画远山清，一镜眼明秋水润。再画《屏山美人靠》，画的是一种心境，置身景内，融入境内，才会有感觉。徽州就像一首浪漫的诗，有绿水青山的粉墙黛瓦，有诗书传家的文化底蕴，山水为脉，烟云为神，在黑白分明的徽派古建筑和月塘波影里，透着让人沉醉的古韵。

屏山美人靠　29cm×35cm　孙贵兵

骑马者

文 / 孙贵兵

夏日里

柳絮飞过头顶

提一匹马儿

悠然过街

嗒嗒、嗒嗒

马蹄声淹没于机器之音

城市

多像一场宴席

多少人醉生梦死

满眼繁华

只是眼前幻景

踏过落红

铁的马蹄嗒嗒、嗒嗒

我

仗剑天涯

一心只向

诗和远方

沧桑古宅　35cm×29cm　蔡琛刚

宏村街景（上图）　29cm×35cm　朱浩明　　古桥小景（下图）　29×35cm　朱浩明

这个建筑是御前侍卫楼。经历几百年，这座建筑只剩下这堵牌坊一样的山墙。御前侍卫楼建于雍正年间，又称九檐门楼，由高而低，雕龙画凤，斗拱林立，虽然只剩下摇摇欲坠的一堵山墙，却像一个绅士默默矗立，无声地讲述属于它自己的历史故事。历史也在无声变迁，今年年底看到这里正在大兴土木，木工师傅认真地做着卯榫结构的冬瓜梁。他说这是在重修门楼后面的建筑，一切按照古法建造。只希望他们修古如古，后修的房子能和前面的绅士和谐一体，重新焕发生机。

御前侍卫楼　29cm×35cm　蔡琛刚

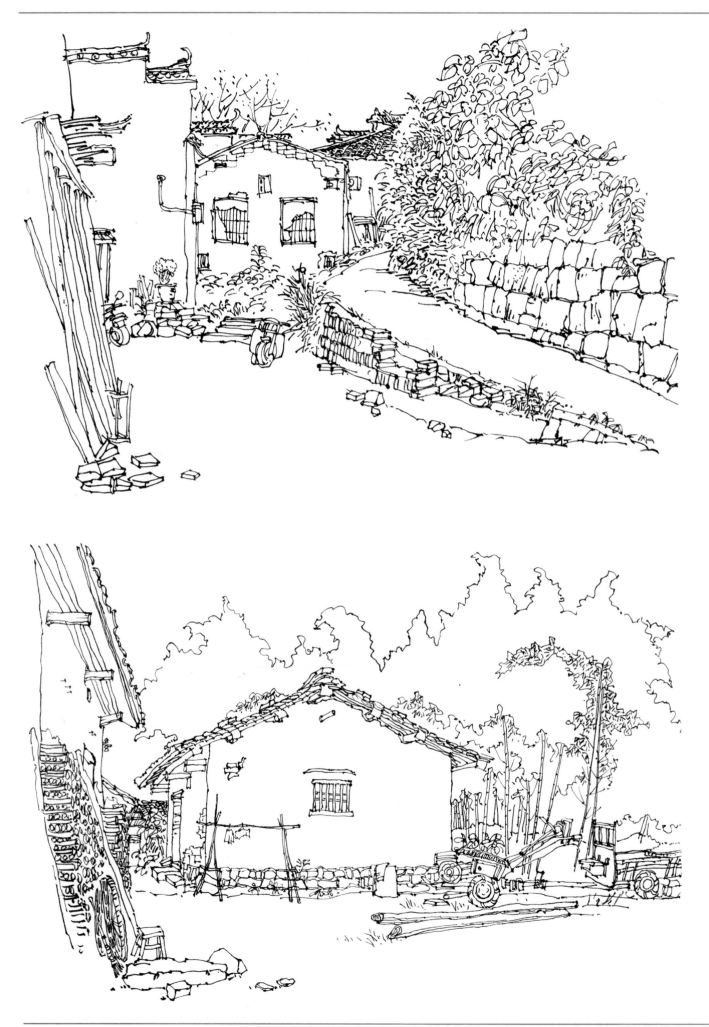

庙前山路（上图）　29cm×35cm　蔡琛刚　　停着的拖拉机（下图）　29cm×35cm　蔡琛刚

徽派建筑具有四大特点，黑瓦、白墙、马头墙、小窗。这类建筑有着浓郁的地域特色，其结构有一定的规律性。画时应选择最能体现房屋造型特点的角度进行刻画，注意表现房屋的体积感和画面空间感。为保持房屋的稳定性，一定要注意重心的把握。

老徽州银坊　29cm×35cm　孙贵兵

　　白墙灰瓦马头墙，一府六邑在徽州。蒙蒙烟雨中的徽州，粉墙黛瓦，浸润在雨中，古色古香，宛如翰墨歙砚旁的宣纸描上饱蘸诗意的美，从容一笔，散发出令人窒息的娴雅。徽派建筑风格循着风水之说，内部构造应着程朱理学思想。一几一椅檐角间，启承转合见鬼斧之巧凿；廊窗立柱抚顺处，圆润温和不失大家风范。

月沼小巷　35cm×29cm　朱浩明

徽州古村落里田园风光幽雅别致，亭坊街桥古韵悠悠，水口园林极具江南韵味，犹如一个世外桃源，宁静与古朴把你带入悠远的历史长河之中，恍如自己又回到了男耕女织的时代。在这里看不到城市的霓红闪烁和烟尘的飞扬翻滚，只有眼前的白墙黑瓦，映着慵懒滑动的溪水，晨间或可闻有雀儿唧唧喳喳地争食，宁静温婉，静谧安详，好像城市所有的浮躁，在这里被隔绝了，被淡忘。

西递小巷　35cm×29cm　朱浩明

徽州是一个沉睡了几百年的梦，远离都市繁华，清新别致。清晨的徽州是被潺潺流水唤醒的。漫步青石铺就的小巷，清流从家门前而过，有白发的婆婆在水边浣洗。阡陌小巷，鸡犬相闻，有如行走在世外桃源。

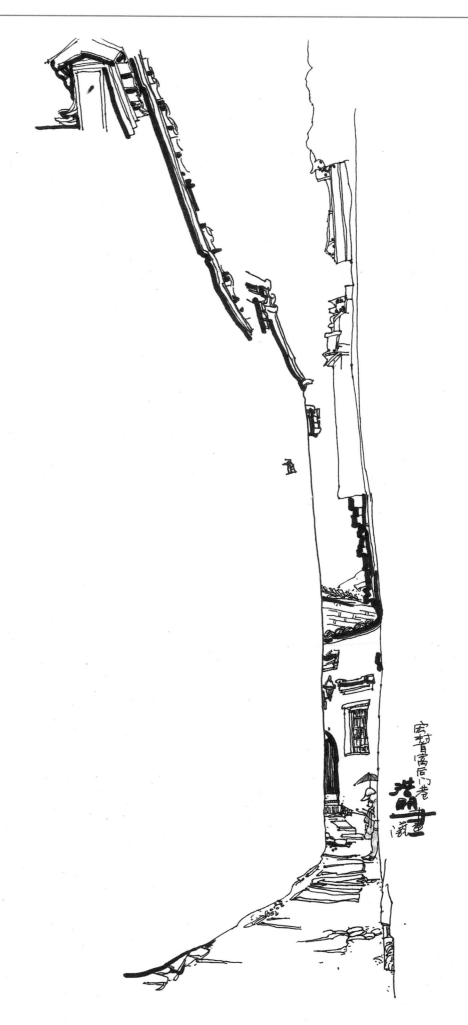

宏村首富后门巷　35cm×29cm　朱浩明

宏村粮库　35cm×29cm　朱浩明

关麓景色（上图）　29cm×35cm　胡胜钧　　屏山农忙（下图）　29cm×35cm　胡胜钧

婺源篁村　35cm×29cm　胡胜钧

卢村速写（上图）　29cm×35cm　胡胜钧　　瑶里（下图）　29cm×35cm　胡胜钧

渔梁坝写生　35cm×29cm　胡胜钧

木宁黄村小景　35cm×29cm　胡胜钧

生人

文 / 孙贵兵

生人在路口

花店的香气　飘进骨头里
袭击了整条街
围墙很高　不是红色的
走累了的腿没有停下
整个城市的生人没有停下
彼此擦肩　视网膜成像
然后继续走

狗拖着老人
想要奔跑　跑不出那张油画
黑色的触须　挥出的笔触
似火一样的夜
模糊了对岸的风景
归途一样也很累

孩子在玩积木
魔术师的扑克牌　花样百出
风尘仆仆　又一批生人到来
树叶的绿　美了风景
文字里有个门
我没有走进去

生人在路口

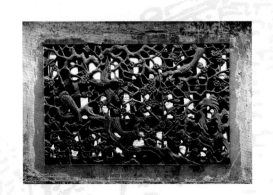

箬坑降上小景　35cm×29cm　胡胜钧

黟县大周山（上图）　29cm×35cm　胡胜钧　　燕山写生（下图）　29cm×35cm　胡胜钧

大坦光华（上图）　29cm×35cm　胡胜钧　休宁写生（下图）　29cm×35cm　胡胜钧

关麓八大家（上图）　29cm×35cm　胡胜钧　　婺源小景（下图）　29cm×35cm　胡胜钧

清明谷雨时节，皖南茶山层峦叠翠。春天的皖南，空气中弥漫着泥土与茶的清香。山下小村，质朴幽静，在一幢幢房屋和巷道之间，流淌着光阴的故事，虽远离都市，却有属于它们的喜乐繁华和贞静岁月，亦有着远赴异乡的游子散淡的记忆、飘忽的往事和浓浓的乡愁。千帆过尽，亲人依旧相陪，尽管他们一次次目送我们离去的背影，却一如既往，在故乡的路口翘首期盼等候游子的归来。无论走得多远，那条回家的路，始终不敢荒芜。

途中小景　35cm×29cm　胡胜钧

婺源百柱祠（上图）　29cm×35cm　胡胜钧　　松潭村一景（下图）　29cm×35cm　胡胜钧

渔梁坝（上图）　29cm×35cm　胡胜钧　　婺源晓起（下图）　29cm×35cm　胡胜钧

小路口景色（上图）　29cm×35cm　胡胜钧　　婺源河边小景（下图）　29cm×35cm　胡胜钧

石屋坑写生　35cm×29cm　胡胜钧

徽州小景（上图）　29cm×35cm　胡胜钧　　婺源察关写生（下图）　29cm×35cm　胡胜钧

李坑文昌阁（上图）　29cm×35cm　胡胜钧　　婺源察关（下图）　29cm×35cm　胡胜钧

大坦光华（上图）　29cm×35cm　胡胜钧　　箬坑写生（下图）　29cm×35cm　胡胜钧